AF366365

DISSERTATION

SUR L'UTILITÉ

DE LA SOYE

DES ARAIGNÉES,

EN LATIN ET EN FRANÇOIS:

A laquelle l'on a joint l'Analyſe Chimique de cette Soye , avec quelques autres Piéces qui ont été faites à ce ſujet.

PAR Mr. BON *Conſeiller d'Etat & Premier Préſident Honoraire en la Cour des Comptes, Aides & Finances de Montpellier.*

A AVIGNON,

Chez FRANC. GIRARD , Place St. Didier.

M. D. CC. XLVIII.

DISSERTATION

SUR

L'UTILITÉ DE LA SOYE

DES ARAIGNÉES,

Par Monsieur BON,

CONSEILLER d'Etat, Prémier Président Honoraire en la Cour des Comptes, Aydes & Finances de Montpellier, Académicien Honoraire & Président de la Societé Royale des Sciences de la même Ville; de l'Academie Royale des Belles Lettres & Inscriptions de Paris, & de la Societé Royale de Londres, & de celle de l'Institut de Bologne.

APRÉS l'Étude principale que tous les hommes doivent faire de leurs devoirs essentiels, soit par rapport à ce qui regarde leurs Emplois, soit par rapport à ce qu'ils se

DISSERTATIO

DE

USU, ET UTILITATE

ARANEARUM SERICI

A D. D. BON,

Regi à Secretioribus Consiliis, Supremæ Computorum, Subsidiorum, fiscique Regii Curiæ Proto-Præside Honorario, Societatis Regiæ Scientiarum Socio Honorario, Regiæ humaniorum Litterarum, & Inscriptionum Academiæ Parisiensis, nec-non Regiæ Societatis Londinensis, & Bononiensis Academiæ Instituti.

CUM *in ea præcipuè Studia homines incumbere debeant, quæ ad sua numera, tùm publica tùm privata ritè obeunda conferre possunt, alia tamen necesse est ut sibi seligant,*

doivent à eux-mêmes, ou aux autres, il est nécessaire qu'ils se choisissent avec soin des amusemens aussi utiles, qu'agréables ; & comme l'examen de la nature convient à toutes sortes d'état, dans quelque degré d'élevation qu'on soit, il ne faut pas être surpris que la plûpart ayent donné la préférence à cette espèce d'étude, puisqu'elle a toujours été regardée comme un délassement d'esprit, & comme un moyen sûr de s'instruire en se divertissant.

En effet, quels amusemens trouverions-nous plus solides, & plus convenables, & dans quelle science peut-on faire avec tant de facilité d'aussi grands progrès ? Il n'en seroit pas de même des autres parties de la Philosophie ; on n'en acquiert la connoissance, que par de profondes méditations, & par un travail assidu, & pénible. Quelle différence d'études ! L'une ne demande que quelques momens de loisir, & l'autre demande l'homme tout entier.

Pourrions - nous blâmer après cela ceux qui s'amusent quelquefois à développer les secrets de la nature, puis-

in quibus non fructuosè modò, sed cum quâdam etiam delectatione versentur. Nod igitur mirum si plerique ad rerum naturalium inquisitionem se se contulerint, quandò in eâ summa & honestas, & dignitas, animique libera quædam oblectatio ac relaxatis inveniatur.

Quid enim tàm oblectare ac relaxare animum potest, quid tàm faciles, tamque uberes & ut ita dicam tempestivos fructus afferre ? Non ita in suis cæteris partibus frugifera Philosophia est, quæ si tamen aliquid confert, id sanè stat multo labore. Proh quanta studiorum dissimilitudo ! Te primum delectationis causâ, cùm est otium !, te totum integrumque postulat aliud.

Quis eos igitur vituperandos dicet, qui quod otii datur in earum rerum quæ à naturâ involutæ videtur, per-

qu'il en coûte fi peu ; & doit-on fe priver de pareils divertiffemens ? Le moindre Infecte, la moindre Plante, une Pierre un peu extraordinaire, tout fournit de quoi rêver avec plaifir dans le lieu le plus folitaire, tout engage à admirer la puiffance & la fageffe infinie du Créateur, & j'ofe dire que c'eft fans doute cette merveilleufe variété qu'on voit répandue dans tous fes ouvrages, qui a le plus contribué à faire reconnoître aux Payens même un premier Étre, feul auteur de l'Univers.

Tous les Philofophes ; & fut-tout les Modernes, ont regardé cette fcience comme le fondement de la Phifique, S'ils s'attachent à chercher avec exactitude des faits certains, ce n'eft que pour parvenir dans les fuites à la véritable connoiffance des caufes. L'ardeur avec laquelle l'Académie Royale des Sciences de Paris & la nôtre cultivent cette partie de la Philofophie, fuffiroit affez pour en prouver toute l'utilité ; mais fans alléguer ici l'exemple de ces fçavantes Compagnies, qui femblent être engagées par leurs inftitutions d'en faire

quisitione libentiùs consumere consueve-
runt ? Cùm ea nullius ferè laboris sit :
minima quæque, vile Insectum, tenuis
Planta, Lapis quoque non vulgaris, hæc
animo gratam cogitandi, ac meditandi
materiam, in loco etiam desertissimo præ-
bent, hæc ad Auctorem potentissimum
mentem evehunt, nec dubium est quin
ethnici ex eâ varietare, quam sparsam
mirabantur in tot operibus, ad primi,
à quo uno manarent omnia, numinis
cogitationem devenerint.

Hoc maximè Phisicam niti fundamento
censuerunt omnes Philosophi, ac præsertim recentiores, qui si tantoperè in explo-
randis, certoquè dignoscendis effectibus
laborarint, in eo consilio effecerunt, ut
jam detecto effectu, detegerentur &
causa. Sed ut eam celebrem Regiam
scientiarum Academiam Parisiensem,
nostramque omittam quarum ardentissi-
mum erga hanc Philosophiæ partem studium illius pariter utilitatem, fructum-
que abundè demonstrat, ut eas, inquam,
omittant, quæ ad hanc curam, operam-
que potissimùm instituta sunt ; quot Impe-

une étude particuliére ; combien a t-on vû d'Empereurs, de Rois, de Princes, & des Magiſtrats s'y attacher pour leur ſeule ſatisfaction ?

Alexandre en faiſoit ſon amuſement ordinaire, malgré les embarras que lui donnoit la conquête du monde ; & le fameux Ariſtote reçût quatre cens quatre-vingts mille écus de l'Hiſtoire des Animaux qu'il avoit compoſée par ſon ordre. Pline ne fut pas moins recompenſé pour avoir offert à l'Empereur Tite, les ſçavans & curieux récueils, qu'il avoit faits en examinant la nature.

L'Hiſtoire Profane n'eſt pas la ſeule, où l'on trouve des marques de l'attachement qu'on a eu pour ce genre d'étude. L'Hiſtoire Eccléſiaſtique nous en fournit des exemples encore plus reſpectables, par le grand nombre de Papes & de Pères de l'Egliſe, qui n'ont pas dédaigné de joindre cette étude à tant d'autres. Saint Auguſtin peut ſuffire à nous en convaincre ; toujours attentif à réprimer les erreurs naiſſantes, ou à inſtruire les Fidèles

ratores, quot Reges, quot Principes ad eam sese delectationis causâ contulerunt?

Alexander tot bellicis curis intentus, utpotè totius orbis subigendi desiderio flagrans, huic tamen studio si quid nactus erat otii collocabat: adeò ut Aristoteli ad conscribendam Animalium Historiam octingenta talenta dederit, nempè ad impensas illius operis, simul & præmium. Nec minùs munificum Imperatorem Titum expirtus est Plinius, cùm ei labores suos accuratam scilicet rerum naturalium historiam obtulit.

Neque ex profanâ duntaxat Historiâ, illustriora sunt nobis etiam, ex sacris litteris sumenda exempla, & eorum quidem, quorum veneranda à nobis, maximèque colenda videtur memoria.

Plures videmus Pontifices, plures Ecclesiæ Doctores, huic etiam philosophiæ parti suorum aliquid studiorum impertientes; sed nobis unus satis fuerint Augustinus, qui quamvis totus & Infidelibus ab erroribus avertendis, iisque Christi imbuendis legibus esset, ab hoc

des devoirs du Chriſtianiſme , il s'eſt attaché néanmoins à cette ſcience , & ſon Traité de la Cité de Dieu fait bien voir, que nous ne devons jamais mépriſer de connoître ce que Dieu même a jugé digne d'être créé.

Ne cherchons pas ailleurs des exemples ſi étrangers ; n'en avons nous pas de domeſtiques en la perſonne de Guillaume Peliſſier , Evêque de Montpellier ? N'avoit-il pas compoſé pluſieurs Livres ſur cette matiere , & le celebre Rondelet auroit-il jamais pû achever ſon grand Ouvrage ſur les Poiſſons & les Coquillages , qui ſe trouvent dans nos Mers , ſans les ſoins & les depenſes de ce digne Prélat ? Nos Rois même ſe ſont fait quelquefois un plaiſir d'examiner la Nature ; & les Hiſtoriens de France nous aſſurent que François I. avoit fait de ſi grands progrès dans cette ſcience ſans autre étude, que celle de la converſation des Sçavants Jacques Cholin , & Pierre Caſtelan , qu'il n'ignoroit rien de tout ce que les Auteurs anciens & modernes avoient écrit , tant ſur les Animaux , Inſectes ,

ſtudiorum genere non abhorruit opus quod
ſcripſit de civitate des ſatis oſtendit ea
non eſſe noſtrâ inquiſitione, atque cog-
nitione indigna, quæ Deus ipſe creare
non dedignatus eſt.

Sed hæc externa; domeſticis abunda-
mus exemplis, nam plurimos de hac eâdem
re à Guillelmo Peliſſerio Montpelienſi
Epiſcopa, libros editos habemus, cujus
ope & curâ, egregiam illud Rondæletis
de Piſcibus & Conchyliis, quæ in noſtris
gignuntur Maribus, extat opus, quod
adhuc deſideraretur haud dubiè, ſi defuiſ-
ſet Peliſſerius. Placuit quoque hæc Re-
gibus noſtris natura indagatio, Galliciſ-
que mandatam Hiſtoriis videmus, eò in
iſto ſtudiorem genere prudentem atque
intelligentem evaſiſſe Franciſcum I. col-
loquio duntaxat Doctorum illorum Jacobi
Cholini, & Petri Caſtellani, ut ea omnia, quæ cùm in antiquiorum, tùm
recentiorum ſcriptis, de Inſectis, Plan-
tis, Metallis, ac gemmis memoria pro-
dita eſſent, & meminiſſet, & aptè diſ-
ſereret.

Plantes, Métaux, que fur les Pierres prétieufes.

Les liberalités de ce Prince envers les Gens de Lettres, attirerent dans le Royaume tant de Perfonnes illuftres par leur favoir, qu'on lui donna avec juftice le nom de Pere des Mufes ; mais s'il a merité ce glorieux titre, avec combien plus de raifon ne le devons nous pas à LOUIS LE GRAND ? Occupé fans relâche de mille foins differens, qu'il eft obligé de prendre pour foutenir les éforts de toute l'Europe armée contre lui, au milieu de tant de travaux, rien ne peut le détourner de cette attention bienfaifante, qu'il a toûjours eüe à faire fleurir les Arts & les Sciences ; l'établiffement de cette Societé en eft une preuve inconteftable, puifqu'il a bien voulu s'en declarer lui-même le Protecteur.

Que pcuvons-nous faire de mieux pour lui marquer notre reconnoiffance, que de feconder fes intentions ; C'eft-à-dire, que vous, * Meffieurs, qui avez été choifis pour faire l'Hiftoire

* *Meffieurs les Academiciens.*

Hic munificentissimâ liberalitate suâ tot in Galliam ingenio ac doctrinâ prestantes viros undiquè accersivit, ut artium, masarumque pater jure ac meritò sit appellatus. Sed quanto magis LUDOVICO MAGNO hoc tribuendum, quem ab eâ in litteratos liberali benevolentiâ, nec totius Europæ in se conjurata arma, nec tot ardui, assiduique ad hostium sustinendos, comprimendosque impetus, labores capiendi, deterere valuerunt: quod certè in hac modò evectâ ac institutâ societate elucet, cujus in fidem suam recepta, patronus unus ac tutor voluit adoptari.

Tanto ergo honore ac beneficio nos non indignos exhibeamus, sed pro virili tanti Principis desiderio votisque respondeamus: hoc dico nempè, ut vos, quibus hujusce Provinciæ naturalem Historiam posteritati transmittendi est cura deman-

naturelle de cette Province , vous re-
doubliez , s'il fe peut , vos foins, &
vos études pour rendre vos recherches
auffi utiles que curieufes? Pour moi qui
ai des occupations bien differentes ,
quoique je me doive tout entier à l'étude
des Loix & des Ordonnances , je crois
néanmoins que pour repondre à la grace
que le Roy m'a faite , en me nommant
Affocié honoraire , avec des Perfonnes
* auffi illuftres par eux mêmes , que
par leur naiffance , & la dignité de leurs
emplois ; je dois mettre à profit tous
les momens de mon loifir , & tâcher
de vous ayder , s'il m'eft poffible , dans
la recherche de la nature. L'avantage
que j'ai d'étre parmi vous , doit m'inf-
pirer ces fentiments , vous les avés toûjours reconnus en moi , & vous les
reconnoîtriés encore mieux dans les
fuites , fi mon premier devoir me per-
mettoit de donner plus de tems que
je ne fais, à meriter la place , que j'oc-
cupe ici.

L'obfervation que j'ai l'honneur de
vous prefenter , à l'entiére grace de la

* *Meffieurs les Academiciens Honoraires.*

data , nova majorique si fieri possit atten-
tione ac diligentiâ incumbatis operi, veſter-
que in dies cum utilior tùm eruditis auribus
dignior labor evadat. Quod ad me at-
tinet , & si longè diſſimiles occupationes
totum me sibi vindicare , atque in Jure
Civili ; pratiiſque Legibus perdiſcendis
aſſerere videantur , sic tamen exiſtimo,
non vulgare hoc Regis beneficium , quo
me tot viris non solùm nominis ſplendore ;
mineribuſque sed propriis etiam dotibus
commendandis socium honorarium ad-
junxit , id pro suo jure repoſcere , ut ,
quidquid mihi otii eſſe poterit , in com-
mune ſtudium conferam , vobiſque , quaa-
tùm in me erit , in naturâ indagandâ
adjutor accedam. Hanc mentem , hoſque
senſus veſtræ socieiatis , conſortiſque dignitas in me excitat , quod nunquàm
defuiſſe vidiſtis , & fore in poſterum am-
plius sanè cognoſceretis,si præcipui mei mu-
neris , officiſque major poſſet fieri inter-
miſſio.

Quod nunc vobis inventum offero , ut
prorsùs recens novitatis gratiam habet ,
habiturum forté majorem utilitatis. Quod

Seriùs in Galliam res pervenit, nam primus omnium Henricus II. tibialia Serica in filiæ, sororisque nuptiis gestasse fertur : hujus tamen at successorum curæ debetur artis amplificatio ; nam illorum ope, ac benevolentiâ Turone ac Lugduni institutæ fuerunt celeberimæ illæ officinæ, undè tot holo Serica restes, tot superba ornamenta ac magnifica superlectilia prodierunt, atque in dies prodeunt.

Quorsùm hæc nimirùm in rerum naturâ nihil omninò negligendum, singula accuratè evolvenda, solers igitur acuatur industria, multa enim, quæ ne fieri quidèm posse credebuntur, fecimus, & ad nostros usus conduximus quæ nulli posse esse usui credebantur, ita ferè contigit primò inventis, nec dubito quin istud perindè gratum ac fructuosam aliquandò futurum sit. Et verò ex Aranearum labore, & cassibus, non ne & telas texere, & animalibus insidias ponere primò didicimus. Quæ igitur causa cur eas in posterùm eo loco non haberemus, quo & Bombyces & Apes, quæ inter minima

Animaux ? Ainſi l'utilité conſtante que j'aſſure qu'on peut en tirer, les faira ſans doute regarder dans la ſuite comme les Vers à Soye & les Abeilles, qui ſont de tous les Inſectes les plus neceſſaires & les plus admirables dans leurs ouvrages.

* Quoique l'Hiſtoire des Araignées ſoit fort étendüe par le nombre infini de particularités qu'on remarque dans chaque eſpece differente ; je crois cependant qu'il eſt abſolument néceſſaire de donner en peu de mots une idée genéralle & ſuperficielle de cet Inſecte, avant que d'entrer dans la deſcription de ſa Soye, je reduirai donc toutes ces eſpeces differentes à deux principales ; ſçavoir, aux Araignées à longues jambes, & à celles qui les ont courtes ; ce ſont les dernieres qui fourniſſent la nouvelle Soye dont je parle. A l'égard de leurs differences particulieres, on les diſtingue par la couleur ; car il y en a de noires, de brunes, de jaunes, de vertes, de blanches, & de toutes ces couleurs melées enſemble.

* _Deſcription générale de toutes les ſpeces d'Araignées._

animalia, & maximè necessaria, & in suis maximè admiranda operibus genuit natura.

Nimius fortè in Aranearum Historiâ forem, si quæ. Cuique generi propria ac singularia sunt, vellem persequi, sunt enim & multa & varia; credo nihilominùs mihi Aranearum operis descriptionem non esse inchoandam, nisi priùs quid in hoc Insecto summatim sit cognoscendum, breviter attigero. Ad duas igitur Aranearum species totum hoc genus revocabo, ad eas scilicet, quæ aut longipedes, aut brevioribus instructæ sunt pedibus, quæ postrema novum hoc, de quo nunc agitur Sericum edunt. Hoc verò inter eas discrimen est, at variis distinguuntur coloribus, aliæ enim nigricantes, aliæ fuscæ, flavæ aliæ, aliæ virides, aliæ albæ, plurimæ etiam omnibus his variegatæ coloribus inveniuntur.

On les diſtingue encore par le nombre & l'arrangement de leurs yeux ;
les unes en ayant ſix , les autres huit ,
& les autres dix , rangés differemment
ſur le ſommet de la tête ; on les voit
aſſez ſans aucun ſecours , mais beaucoup mieux avec celui de la Loupe.
Ce ſont à peu près toutes les differences eſſentielles des Araignées , les ayant
trouvées ſemblables dans les autres
parties du corps que la nature a diviſé
en deux. La premiere partie eſt couverte d'un teſt , ou écaille dure remplie
de poils , elle contient la tête & la
poitrine , à laquelle huit jambes ſont
attachées , toutes bien articulées en ſix
endroits ; elles ont auſſi deux autres
jambes qu'on peut appeller leurs bras ,
& deux pinces armées de deux ongles
crochus , attachés par des articulations
à l'extremité de la tête ; c'eſt avec ces
pinces qu'elles tuent les Inſectes qu'elles
veulent manger , leur bouche étant
immediatement au deſſous : elles ont
encore deux petits ongles au bout de
chaque jambe , & quelque choſe de
ſpongieux entre deux , ce qui leur ſert

Oculorum etiam numero ac situ distingui possunt, nam aliæ sex, aliæ octo, aliæ decem in summo capite, variè dispositos habent, ut facilè percipi potest, præsertìm adhibito ad intuendum convexo vitro. His tantùm rebus inter se discrepant, cæterà ferè similes sunt, singulis corpus in duas divisum partes dedit natura; in earum primá inest caput, & pectus, testá obductum, cui lateraliter adhærent pedes suis singuli sex internodiis seu juncturis instructi, in anteriori verò ejusdem pectoris parte adsunt antera vulgò brachia, & ungues duo forcipis instar armati. Quibus & prædam arripiunt, & arreptam ad os, vel rostrum subjectum deferunt.

Singuli prætereà pedes geminos unguiculos, quos inter spongiosum aliquid intercedit, eâ ut potè ratione, quò facilius per lævia corpora gradiantur.

fans doute pour marcher avec plus de facilité fur les corps polis.

La feconde partie du corps de cet Infecte n'eft attachée à la premiere que par un petit Fil , & n'eft couverte que d'une peau affez mince , fur laquelle il y a des poils de plufieurs couleurs ; elle contient le dos , le ventre , les parties de la genération & l'Anus ; je m'arreterai à la defcription de l'Anus ; puifque c'eft l'endroit d'où les Araignées tirent leur Soye , mon deffein n'ayant jamais été d'entrer dans un grand détail , mais de parler de cette Soye & de fon utilité.

Il eft certain que toutes les Araignées filent par l'Anus , * autour duquel il y a cinq mamelons , qu'on prend d'abord pour autant de filieres par où le Fil doit fe mouler , j'ai trouvé que ces mamelons étoient mufculeux , & garnis d'un fphincter ; j'en ay remarqué deux autres un peu en dedans , du milieu defquels fortent veritablement plufieurs Fils en affez grande quantité , tantôt plus & tantôt moins , & c'eft

* Defcription de l'Anus de l'Araignée.

Altera verò corporis pars à primâ altâ distinguitur incisurâ, & cum eâ tenui Filo conjuncta est, eâdemque cute obtegitur subrufâ, nigrantibus punctis notatâ, pilisque rigidioribus hispidâ, in eâ dorsum, alvus, & genitalia continentur, & praetereà Anus, de quo uno paulò diffusiùs dicam, cùm inde suum Araneae Sericum promant, hoc enim mihi in animo praecipuè est, ut de Holoserico ejusque utilitate diseram.

Anus extremo ventre protuberat, circa quem quinque diversa papulae mammillarum instar Eminent, sphincteribus suis instructae, quibus pro necessitate foramina deducendis telarum staminibus vel constringant, vel relaxent. Duo etiam paulò interiores alios perspexi, undè multa quidem exeunt Fila, modò plura modo pauciora, quae novum quasi vehiculum adhibent, cùm fortè prioris sedis pertaesae aliam quaerunt. Filo magnâ vi ex Ano impulso pendent ad perpendiculum,

par une méchanique fort singuliere que les Araignées s'en servent, lorsqu'elles veulent passer d'un lieu à un autre. Elles se pendent perpendiculairement à un Fil`, tournant ensuite la tête du côté du vent ; elles en lancent plusieurs de leur Anus, qui partent comme des traits, & si par hazard le vent qui les allonge les colle contre quelque corps solide, ce qu'elles sentent par la résistence qu'elles trouvent en les tirant de tems en tems avec leurs pates, elles se servent de cette espece de pont pour aller à l'endroit où ces Fils se trouvent attachez ; mais si ces Fils ne rencontrent rien à quoi ils puissent se prendre, elles continuent toujours à les lâcher, jusqu'à ce que leur grande longueur & la force avec laquelle le vent les pousse & les agite, surmontant l'équilibre de leur corps, elles se sentent fortement tirer : alors rompant le premier Fil qui les tenoit suspendües, elles se laissent emporter au gré du vent, & voltigent sur le dos, les pates étendües ; c'est de ces deux manieres qu'elles traversent les Chemins, les Ruës, & les plus grandes Rivières.

hocque suspensæ ventum aliquandiù speculantur, caputque ex quâ parte flat obvertentes, plura simul emittunt Fila, quæ si forte vento, à quo distenduntur, ad aliquod corpus adhæserint, quod difficiliori attractione sentiunt, sæpiùs enim hujusmodi Fila contrahunt, ac remittunt, hoc tunc quasi ponte juncto spatio, facilè quò hæc adhærent Fila, perveniunt; sin autem, indesinenter emittent, nec cessant donec tùm summâ Filorum longitudine, tùm magnâ vi quâ à ventis impelluntur corporis superato æquilibrio, se se attrahi sentiant, tunc primò pendebant Filo statim abrupto, per inania nubila inversæ pedibusque expansis librant, corpusque committunt ventis, sic vicos & vias, ipsaque flumina permeant.

On peut dévider soi-même ces Fils, qui par leur réünion semblent n'en former qu'un, lorsqu'ils sont environ de la longueur d'un pied : j'en ay distingué jusqu'à quinze & vingt au sortir de leur Anus. Ce qu'il y a encore de particulier, est la facilité avec laquelle cet Insecte le remuë en tous sens à cause de plusieurs anneaux qui y vont aboutir ; cela leur est absolument nécessaire pour dévider leurs Fils, ou Soyes, qui sont de deux espèces dans l'Araignée femelle : cependant je crois cette Insecte androgine, ayant toujours trouvé les marques du mâle dans les Araignées qui font des Œufs ; mais il est inutile d'entrer dans cette discussion, je reviens à mon sujet.

* Le premier Fil, qu'elles dévident, est foible & ne leur sert qu'à faire cette espèce de Toile dans laquelle les Mouches vont s'embarrasser ; le second est beaucoup plus fort que le premier, elles en envelopent leurs Œufs, qui par ce moyen sont à couvert du froid & des Insectes qui pour-

------

** Description de leurs Fils, & de leurs Coques.*

Hæc Fila , quæ simul juncta unum efficere videntur , nullo tamen labore distingui possunt , cùm ad pedis ferè longitudinem pervenere , & verò usque ad quindecim & viginti etiam ipse distinxi, ac numeravi. Illud quoque peculiare est , quòd in omnem partem facillimè obvertant Anum , ob plurimos annulos , qui illuc concurrunt , hinc fit ut faciliùs deducant fila , aut Sericum , quod duplicis generis esse in Araneis femineis comperi , si tamen in eis mas , & femina ; in sangulis enim genitalia , etiam in iis , quæ ova pariunt , semper animadverti , sed hæc omitto , ut ad rem redam.

Duplex igitur Abaraneis deducitur Filum , tenuis primum nec satisfirmum & ad hoc tantùm utile ut telam illam sive casses conficiant , undè muscis insidientur: alterum longe solidius , quo ova sua involuta contra hiemis frigis , minimorumque Insectorum morsus , quodam quasi propugnaculo muniunt. Hæc fila , quæ sic ova nestiunt , laxiùs glomerata

roient les ronger. Ces derniers Fils font entortillés d'une manière fort lâche au tour de leurs Œufs, & d'une figure femblable aux Coques des Vers à Soye qu'on a preparées & ramolies entre les doigts pour les mettre fur une que-noüille ; les Coques d'Araignées (je les appellerai ainfi) font d'une couleur grife lorfqu'elles font recentes ; mais elles deviennent noiratres, lorfqu'elles ont été expofées long-tems à l'air ; il eft bien vrai qu'on trouveroit plufieurs autres Coques d'Araignées de differen-tes couleurs, & d'une meilleure foye, fur-tout celle de la Tarentule ; mais la rareté en rendroit les experiences trop difficiles ; ainfi il faut fe borner aux Coques des Araignées les plus communes, qui font celles à jambes courtes. * Elles cherchent toujours un endroit à l'abri du vent, & de la pluye pour les faire, comme par exemple, les trous des arbres, les angles des fe-nêtres, ou des voûtes ou bien le def-fous les entablemens des édifices.

* *Lieux où les Araignées pondent leurs Œufs, & font leurs Coques.*

C'eft

sunt, & *figuram referunt Bombycinè tunicæ quandò lanificæ digitis agitata ac
mollita, distenditur, coloque aptatur.
nativus autem Aranearum tunicæ color
(sic enim appellabo) cinereus est, qui
deindè sub dio nigrescit; quamquàm &
alterius coloris. Non nullæ sunt, & ex
quibus meliùs sericum deduci possit,
præsertim ex Tarentulis, sed quia rario-
res, difficilius in iis experimentum,
quare de iis tantùm, quibus passim abun-
damus, quasque brevi pedes nominavi-
mus, nunc loquamur. Eam semper sta-
tionem quærunt, quò nec ventis, nec
imbribus sit aditus, ideoque his sedes
gratissima, arborum cava, cùm fenestra-
rum, tùm fornicum anguli, tænia etiam,
ibi morantur, ibi tunicas suspendunt,
quæ deindè collectæ, novum hoc edunt
Sericum communi illi, quo vulgò utimur,
nihil inferius : cuicumque colori aptum
est, cuicumque panno conficiendo, ex eo
enim tibilialia, & has, quas cernitis,
manicas conficiendas curavi. Quem autem modum, quam artem in his paran-
dis tunicis, filoque ex his educendo ad-
hibuerim, tùm accipite.

C

C'eſt en ramaſſant pluſieurs de ces Coques qu'on fait cette nouvelle Soye , qui ne cedé en rien à la beauté de la Soye ordinaire ; elle prend aiſément toutes fortes de couleurs , & l'on en peut faire des Etoffes , puiſque j'en ay fait faire les Bas , & les Mitaines que je vous préſente. Voici maintenant de quelle manière j'ay fait preparer ces Coques pour en tirer la Soye que vous voyés.

* Après avoir fait ramaſſer douze à treize onces de ces Coques d'Araignées , je les fis bien battre pendant quelque tems avec la main & avec un petit bâton , pour en faire ſortir toute la pouſſière ; on les lava enſuite dans de l'Eau tiéde , juſqu'à ce que l'Eau , qui en ſortoit, fût bien nette , aprés quoi je fis mettre à tremper ces Coques dans un grand Pot avec du Savon & du Salpetre , & quelques pincées de Gomme arabique , je laiſſai boüillir le tout à petit feu pendant deux ou trois heures ; je fis enſuite relaver avec de l'Eau tiéde toutes ces

* *Maniere de preparer la Soye des Araignées.*

Plures hujusmodi collegi tunicas, quas,
escusso priùs cùm manibus, tùm bacillis
pulvere ; tepidâ sæpiùs aquâ lavavi ,
deindè in vase unà cum sapone , salipe-
trâ , & aliquot Gummi arabici digito-
rum captibus reposui , ibique eas duarum
aut trium horarum spatio lento igne
decoxi , iterumque ne quid saponis inhæ-
reret tepidâ aquâ lavavi , exsiccavi ,
& digitis confricatas mollieres reddidi ,
ac demùm solito Serici carminatori tra-
didi , datis tamen antè , quibus uteretur ,
mollioribus instrumentis : hac arte Sericum habui cinerei coloris ; peculiaris, ac
proprii , pulcherrimique ; ex eo facilè
deducuntur Fila, quæ vulgaris Serici Filis

Coques d'Araignées pour en bien
ôter tout le Savon ; je les laiſſai ſêcher
pendant quelques jours , & les fis
ramollir un peu entre les doigts pour
les faire carder plus facilement par
les Cardeurs ordinaires de la Soye ,
excepté que j'ai fait faire des Cardes
beaucoup plus fines : j'ai eu par ce
moyen une Soye d'un gris très-parti-
culier , on peut la filer aiſément , & le
Fil qu'on en tire eſt plus fort & plus
fin que celui de la Soye ordinaire ,
& tel que vous le voyez , ce qui prouve
qu'on peut s'en ſervir pour faire toutes ſortes d'ouvrages. L'on ne doit pas
craindre qu'il ne ſoutienne toutes les
ſecouſſes des métiers , ayant reſiſté à
celles des Faiſeurs de bas.

*La difficulté ſe réduit donc main-
tenant à avoir un aſſés grand nombre
de Coques d'Araignées pour en faire
des Ouvrages conſiderables , l'utilité &
la poſſibilité étant bien prouvées. La
choſe ne ſeroit pas difficile , ſi l'on
avoit le moyen d'élever les Araignées

* *Preuve pour convaincre que les Araignées fourniroient
plus de Soye que les Vers à Soye , à cauſe de leur fecondité.*

solidiora simul & molliora sunt cernitis,
& ex iis quæcumque opera confici poſſunt,
nec timendum ne inter manus artificium
abrumpatur, quandò ab illis hæc tibialia
confecta sunt.

Cùm jam igitur & quàm nobis sint
utiles Araneæ, quàmque noſtrum in uſum,
commodumque poſſint facilè deduci pro-
baverim, id reſtat undè Aranearum
tunicæ eo numero haberi poſſint, quo ad
magna variaque opera opus eſt. Id ne-
quaquam eſſet arduum, si ratio comperta
eſſet, quâ ut Bombyces, sic Araneæ ali,
educarique poſſent : nam longè fecundiores

comme les Vers à Soye ; elles multi-
plient beaucoup plus , & chaque Araignée pond six ou sept cens Œufs , au
lieu que les Papillons des Vers à Soye
n'en font qu'une centaine ou environ ;
encore faut-il en rabattre plus de la
moitié , parce que ces Vers font sujets
à quatre maladies & si délicats qu'un
rien les empêche de faire leurs Coques ,
tout au contraire les Œufs des Araignées éclosent sans aucun soin dans
les mois d'Août , & de Septembre ,
quinze ou seize jours après avoir été
pondus , & celles qui les ont faits ,
meurent dans quelque tems ; pour les
petites Araignées qui sortent de ces
Œufs , elles vivent dix à onze mois
sans manger & sans diminuer , ni grof-
sir , se tenant toujours dans leurs Coques jusqu'à ce que les grandes cha-
leurs les obligent de sortir , & de chercher leur nourriture. La raison Phisique
qu'on peut donner de cela est naturelle ,
tous les Insectes & plusieurs autres
Animaux , comme les Ours , les Ser-
pens , les Marmotes , &c. qui se ca-
chent pendant l'Hiver , abondent en

sunt : siquidem sexcenta aut septingenta ova emittunt Araneæ singulæ, dùm singuli Bombycum Papiliones vix centum emittunt, ex quo etiam numero plus quàm dimidia pars adimenda est, cùm Vermes illi pluribus morbis obnoxii sint, minimâque re impediantur ne tunicas elaborent. E contra Aranearum ova quindecim aut sexdecim tantùm nata dies nullâ curâ, nullâ ope, propriâ vi excluduntur mense Augusto, & Septembri, quibus exclusis brevi mater interit : recèns autem ortæ Araneolæ decimum, aut undecimum sine alimentis trahant mensem, suisque inclusæ tunicis impactæ perdurant, nec minores aut grandiores fiunt, donec æstatis summo calore hinc exire victumque quærere coguntur. Ratio Phisica hæc est: Insecto cuicumque & plerisque etiam aliis animantibus, quales Ursi, Serpentes, Mures montani, &c. quos nunquam hibernus Sol vidit, maximè lentus, glutinosus, motuque difficilis humor inest, quo sese sustentari solent nullâ per hyemen spirituum factâ amissione aut diminutione ; cùm autem Sol æstivus advenerit, illumque humo-

matiere glutineuse très-difficile à mettre
en mouvement : de forte qu'il n'est pas
extraordinaire que les petites Araignées
puissent vivre pendant le froid de leur
propre substance , ne faisant aucune
dissipation d'esprits , mais la chaleur
venüe elle met en mouvement cette
matiere , & force les petites Araignées
à filer & à courir d'un coté & d'autre
pour chercher de quoi vivre & à peine
mangent elles qu'on les voit grossir de
jour en jour,

L'on peut donc tirer une conséquence
sûre , que si l'on trouvoit le moyen
de nourrir dans des chambres de petites
Araignées , on auroit beaucoup plus
de Coques de cet Insecte , que de
celles de Vers à Soye , ayant toujours
vû que de sept, ou huit cents petites
Araignées , il n'en mouroit presque
point dans une année , & qu'au contraire de cent petits Vers à Soye il
n'y en avoit pas quarante qui fissent
leurs Coques,

Une difference aussi grande & aussi
considérable excitera sans doute assez
la curiosité des amateurs des Arts &

rem commoverit , tunc Araneæ & fila deducere cernuntur.

Hinc sequitur longè plures Aranea-rum , quàm Bombycum tunicas fore , si in cubiculo possent educari , ex his enim, ut notavi , magno numero vix ulla mo-ritur , ex Bombycibus verò nec media pars vivit aut ad laborandi tempus per-venit.

Hoc tanto discrimine phisicorum sanè acuetur industria & festinatio quædam, ac certamen aliquod fortè orietur , ne

des Sciences , pour les faire empresser de trouver la maniere d'élever ces Insectes. Voici , en attendant qu'un heureux hazard ou l'application nous favorisent d'un secret si utile , les moyens dont je me suis servi pour avoir beaucoup de ces Coques que je propose aux curieux qui voudront faire la même experience que moi.

* Je donnai ordre qu'on m'apportât toutes les grosses Araignées à jambes courtes qu'on trouveroit dans le mois d'Août , & de Septembre ; je les enfermai dans des cornets de papier , & dans des pots , je couvris ces pots d'un papier que je perçai de plusieurs coups d'épingles aussi bien que les cornets, afin qu'elles eussent de l'air ; je leur fis donner des Mouches , & je trouvai quelque tems après que la plûpart y avoient fait leurs Coques : en voici les piéces justificatives.

J'en eus encore plus aisément en promettant de payer la livre des Coques d'Araignées sur le même pied qu'on vend la Soye ordinaire. L'attrait

* *Manière de ramasser beaucoup de Coques d'Araignées.*

quo educentur Araneæ modus lateat ;
quem modum donec aut studium inve-
nerit , aut sors aliqua nobis objecerit ,
interim undè plures mihi ejus modi
tunicas comparaverim exponam , si qui
fortè eamdem insistere viam , idemque
experiri velint.

Araneas omnes , quæ brevioribus
instructæ pedibus mense Augusto aut
Septembri possent colligi , ad me de-
ferendas curavi , quas singulas tùm
cartaceis Cucullis , tùm vasis papyro
coopertis conclusas servavi, papyro tamen,
quò faciliùs aër admitteretur , variis
locis spinularum acumine perforatâ ,
plures eis in escam Muscas posui, donec
eas , ut interdum solebam , revisens ,
has , quas hîc ostendo , tunicas suspensas
inveni.

Plures præterea collegi , eodem Aranearum tunicis pretio ac Bombycinis
posito ; hinc enim factum , ut spe lucri
undique. Mihi afferentur , & faterentur,
qui afferebant , se non magno labore

du gain fit qu'on m'en apporta beaucoup en peu de tems ; on m'affura
même qu'on n'avoit pas eû grand
peine d'en trouver , & que s'il étoit
permis d'entrer dans toutes les maifons,
où l'on voyoit de ces Coques d'A-
raignées aux fenétres , ils m'en fourniroient autant que j'en voudrois. Il
eft facile de conclure qu'on en trouveroit affez dans le Royaume pour en
faire de grands ouvrages , & que la
nouvelle Soye que je propofe eft moins
rare & moins chere que n'étoit la Soye
ordinaire dans fon commencement ;
d'autant mieux que les Coques d'A-
raignées rendent à proportion de leur
legereté plus de Soye que les autres :
En voici la preuve , treize onces en
donnent près de quatre de Soye nette ,
il n'en faut que trois pour faire une
paire de Bas au plus grand homme ,
ceux-ci ne pefent que deux onces &
un quart , & les Mitaines environ
trois quarts d'once , au lieu que les
bas de Soye ordinaire pefent fept à
huit onces.

Voilà certainement une grande uti-

has invenisse , longèque plures inven-
turos , si tecta omnia , in quibus abun-
dant , adire licuisset : undè constat eâ
copiâ in regno reperiri posse , quæ satis
esset ad magna opera , atque adeò novi
hujus Serici non tantam esse penuriam
pretiumvè quàm alterius cùm primùm
innotuit. Cùm prætereà Aranearum
Tunicæ longè plus Serici eodem pondere
quàm Bombycinæ afferant , nam ex
tredecim tunicarum unciis quatuor ferè
puri Serici capiuntur , earumque tres
satis sunt ad tibilia cujuscumque proce-
ritatis homini conficienda. Hæc autem
quæ cernitis duas tantùm unicas aut
paulò plus ponderis habent , manicæ ne
integram quidem unciam pendent , cùm
Bombycina tibialia aut novem aut octo
unciarum pondo sint.

Habetis ergò quàm utile hoc nobis

lité qu'on peut tirer d'un Infecte que le Public a toujours regardé comme très-incommode & très-dangereux par fon venin. Je puis affurer néanmoins que les Araignées ne font pas veni-meufes ; j'en ai été mordu fort fou-vent, fans qu'il m'en foit arrivé aucun mal. Pour leur Soye bien loin d'avoir du venin, tout le monde s'en fert pour arrêter le fang , & fouder les coupures ; en effet fon gluten naturel eft une efpece de beaume qui guerit les petites playes , en empechant l'air d'y entrer.

De fi bonnes raifons devroient fuf-fire pour faire ceffer la crainte, & l'averfion qu'on pourroit avoir de met-tre en ufage la Soye des Araignées ; mais il eft néceffaire en finiffant ce dif-cours d'y en ajoûtrer d'autres fi fortes & fi folides que les plus opiniâtres convien-dront facilement , que les Araignées font de tous les Infectes ceux qui me-ritent le moins la haine publique.

Leur Soye eft utile non feulement par rapport aux ouvrages qu'on en peut faire ; fon utilité eft encore plus

poſſit eſſe Inſectum, quod hactenus ut
moleſtum, ſic maximè & veneno infeſ-
tum putavimus, quamquàm veneno
careant, ut ſæpè expertus ſum ab iis
punctus, nec tamen ullo indè damno
affectus. Sericum autem tantùm abeſt
ut venenoſum ſit, ut è contrà ad ſiſten-
dum ſanguinem, ſciſſuraſque conjungen-
das eo utamur. Naturali enim glutine
abundat, quo quaſi opobalſamo quodam
minora, aëre incluſo, ſolidantur
vulnera.

Hæc certè tàm ſolida validaque
argumenta pluſquàm ſatis eſſe deberent,
ut omni in poſterùm odio, ſimul ac
timore depoſito, Aranearum Serico elabo-
rando manus noſtras adhibeamus; ſed
in hoc orationis exitu ea libet addere,
quibus vel pertinaciſſimi fateri cogantur
Araneas cæteris Inſectis minùs graves
atque odioſas eſſe debere.

Harum Sericum non modò ad confi-
ciendos pannos utile eſt, ſed plus longè
utilitatis habet, ſi ea ſpectantur, quæ

grande & plus essentielle par rapport aux Remedes specifiques qu'on en peut tirer. * Elle fournit en la distilant une grande quantité d'esprit, & de sel volatile ; j'ai vû par la comparaison, que j'en ay faite, qu'elle en donnoit pour le moins, autant que la Soye ordinaire, qui est de tous les Mixtes celui qui en donne le plus. Ce Sel & cet Esprit volatile qu'on tire des Coques d'Araignées est très-actif ; on en jugera par les * experiences suivantes : il change en un beau verd d'Emeraude la teinture des fleurs de Mauve, il congele & reduit en une espece de Neige la dissolution du Sublimé corrosif, au lieu que les Alkalis volatiles qu'on tire du Crane humain, de la corne de Cerf & de plusieurs autres Mixtes, ne font que la blanchir ou la rendre laiteuse, ainsi le nouvel Alkali que je propose employé de la même maniere que celui qu'on extrait des Coques des Vers à Soye pour faire les Goutes d'Angleterre si renommées

* *Esprit & Sel Alkali volatile qu'on tire de la Soye des Araignées.*
* *Elles ont été faites sur le champ.*

hine

hinc erui poſſint præſtantiſſima ac propè unica remedia ; ex epis ſucco cùm exprimitur magna colligitur ſpirituum copia, ſaliſque volatilis copia, in quam non minor, ut ipsâ experientia, didici, quàm ex Bombycino Serico, quod tamen cæteris Mixtis hâc in parte abundantius eſt. Hoc valatile ſal Aranearum in primis actuoſum eſt, comperta res hujuſmodi experimentis. illius vi malvacens color in viridem Smaragdo ſimilem tranſmutatur, congelatur, & in quamdam veluti nivem abit rodentis veneni & Mercurio & ſale Armoniaco excoctis diſſolutio, cætera verò alia quæ tum ex humano Cranio, tùm ex Cervi cornibus aliiſque omnibus Mixtis educuntur, eam candentem tantùm, aut lacteam efficiunt quocircà novum illud, quod propono, Alkali haud quaquam inferius erit illo alio quod ex Bombycum tunicis elicitur, atque ex illo celeberrimæ Anglicanæ Guttæ conficiuntur, ſic ex iſto comparabuntur etiam Guttæ, quas meritò Monſpelienſes nominabimus. Nec dubitari poteſt quin iſtæ, ob majorem vim & virtem, feliciùs quàm alia adhibeantur in lethargiâ, apo-

dans l'Europe , * peut fervir à compofer de nouvelles Gouttes qu'on peut appeller avec raifon, *Gouttes de Montpellier.* On ne doit pas douter qu'on ne s'en ferve avec un plus heureux fuccés que des anciennes , dans l'Apoplexie, dans la léthargie & dans toutes les affections foporeufes à caufe de leur grande activité. On les prendra même avec moins de rebut, parce que leur odeur eft moins fœtide & moins défagréable. Je ne m'étendrai pas davantage fur cette matiere ; je laiffe à Meffieurs les Medecins & à Meffieurs les Chimiftes de notre Societé, le foin de chercher les autres ufages, que les Coques d'Araignées , & les principes qu'on en tire par l'analife chimique, peuvent avoir dans la Medecine.

* *Gouttes femblables à celles d'Angleterre.*

F I N.

plexiâ , cæterifque foporiferis corporis affectionibus aut fanandis , aut fublevandis. Prætereà cùm faporis longè minùs fœtidi , ac injucundi fint , minori quoque faftidio fumi poterunt , fed his, aliifque non immorabor , fatiùs duco noftræ Societatis medicis ac chimicis difcutiendum relinquere , quos alios ufus Aranearum tunicæ , quæque ex ipfis per analyfim chimicam educuntur principia , arti medicæ fuppeditare valeant.

FINIS.

ANALISE CHIMIQUE

DE LA SOYE

D'ARAIGNÉE;

AVEC la maniere de compofer les Gouttes appellées Gouttes de Montpellier, & celle de s'en fervir dans plufieurs Maladies.

Par Monfieur BON, Prémier Préfident en la Cour des Comptes, Aydes, & Finances de Montpellier.

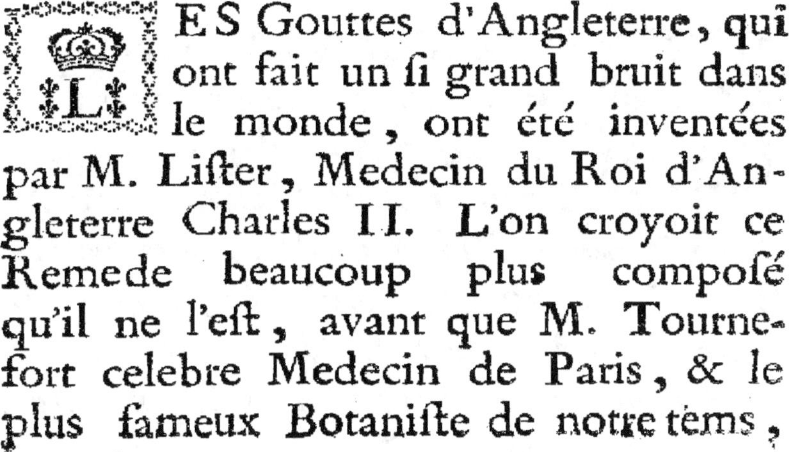

LES Gouttes d'Angleterre, qui ont fait un fi grand bruit dans le monde, ont été inventées par M. Lifter, Medecin du Roi d'Angleterre Charles II. L'on croyoit ce Remede beaucoup plus compofé qu'il ne l'eft, avant que M. Tournefort celebre Medecin de Paris, & le plus fameux Botanifte de notre tems,

CHIMICA
SERICI ARANEARUM
ANALISIS;

CUM Methodo Guttas Monspelienses dictas parandi, easdemque pluribus in morbis adhibendi.

A D. D. BON Monspeliensis computorum, subsidiorum, fiscique Regii Curiæ Proto-Preside honorario.

NGLICANÆ Guttæ, quæ per orbem tantoperè jactatæ, D. Listerum Regis Angliæ Caroli II. archiatrum inventorem habent. Id remedii genus intricatiori, quàm res ipsa est, apparatu conflari, censebant vulgò, priùs quàm abditam hujus genuinam indolem detexisset percelebris Parisiensis Medicus,

en eût découvert le fecret , il le rendit public en le communiquant à l'Academie Royale des Sciences de Paris , tel qu'on le voit imprimé dans les mémoires de cette Academie.

C'eft en lifant ce Mémoire que j'ai penfé que les Coques d'Araignées pourroient contenir des efprits volatiles à peu près femblables à ceux qu'on tire des Coques des Vers à Soye ; j'ai cru donc qu'il étoit neceffaire de faire l'Analyfe chimique de ces Coques, pour rendre ma découverte auffi utile qu'agreable , & j'ai vu avec plaifir que je ne m'étois pas trompé , puifque j'ai tiré de cinq onces de Coques d'Araignées cinq dragmes de Sel Alkali volatile , plus actif que ceux qu'on tire des autres Mixtes ; voici de quelle maniere il faut diftiller cette nouvelle Soye.

Faites ramaffer une quantité fuffifante de Coques d'Araignées , & même des Toiles (car elles contiennent comme les Coques , les mêmes fels , & les mêmes efprits volatiles , mais en moin-

nec non Botanicorum ævi noftri Princeps Turnefortius : arcanum istud protulit in apricum , Regiæ Scientiarum Academiæ impertiendo , quale typis consignatum legitur in ejusdem Academiæ monimentis.

Cùm hoc Turnefortii scriptum pervolverem, mentem subiit, in Aranearum Serico spiritum volatilem , non multùm à Bombycini Serici volatili spiritu abludentem , fortè delitescere. Operæ igitur pratium duxi primum illud Sericum chimicæ Analysi mandare , ut tam utile , quàm jucundum evadere posset inventum , nec inani spe lactatum fuisse, lætus comperii , cùm ex Serici Aranearum unciis quinque , salis Alkalini volatilis , quocumque ex aliis Mixtis prolicito , vividioris totidem drachmas eduxerim. Ecce quâ ratione destillandum sit novum istud Sericum.

Aranearum tunicarum , imò & telarum (eofdem enim spiritus ac sales volatiles, fed parciùs in sinu suo fovent) sufficientem collige copiam : ritè mundentur omnia , vitreæ dein ac probè loricatæ

dre quantité que les Coques) faites bien
netoyer le tout, aprez quoi vous mettrés ces Coques ou Toiles d'Araignées
dans une Retorte ou Cornuë de verre
bien lutée, que vous poserés dans un
fourneau de reverbere clos, & vous
adapterés à cette Cornuë un grand Balon de verre ou Recipient, dont vous
luterés avec soin les jointures avec plusieurs papiers collez, & par dessus une
vessie de Cochon moüillée, car à
moins de cela les esprits sont si subtiles qu'ils s'évaporeroient tous sans
cette précaution ; commencés ensuite
votre distillation par un feu très-lent,
deux ou trois petits charbons allumez
suffisent de peur que les Coques d'A-
raignées ne se brulent dans le Fourneau
étant surprises par un grand feu ; de
maniere qu'il faut graduer ce feu sui-
vant les regles prescriptes, & le pous-
ser de demie heure en demie heure
jusqu'au dernier degré : l'on sera surpris de voir que dans la premiere
demie heure, il sortira de la Cornuë
une Liqueur blanche comme de l'eau
que les Chimistes appellent Flegme,

retortæ committes quam in clauso rever-
berii furno locabis ; recipiens vas mag-
num vitreum retortæ huic aptabis , &
lutum non paucis sibi cohærentibus bi-
bulis chartis , insuperque madidæ vesica
suillæ illitum , juncturis providè circum-
pones : si enim hæc prætermittatur cau-
tela , subtiles adeò spiritus per aëra
profugi efferuntur. Post hæc igne lentis-
simo destillationem auspicare , duo aut
tres accensi carbones minores statim sat
erunt , ne repentino fervidioris ignis
ardore Sericum in furno torreatur; ita
ut juxta leges à chemicis traditas , per
varios gradus adhibendus sit ignis , &
quâlibet dimidiâ horâ intendendus ,
quousque tandem ad ultimum evectus
fuerit. Post primum horæ dimidium ,
mirum videbitur , humorem quemdam
aquæ instar pellucentem , & phlegma-
tis nomine à chemicis insignitum prodire ,
hic saporis omnis planè est expers. Horæ
dein elapsâ , & igne adausto , liquidi
hujus ruffum evadere colorem cernes ,
tandemque aliâ transactâ horâ , at in-
tensiori ad moto igne , vaporibus altis
totum opplebitur vas recipiens , qui simul

cette Liqueur est insipide, & n'a point de goût. Une heure après ayant augmenté le feu, vous verrez cette Liqueur devenir un peu roussâtre, & enfin une autre heure après le feu ayant été poussé, le balon, ou le recipient se remplira de vapeurs blanches qui se congelent & qui s'attachent aux côtés du recipient, ce qui fait le sel concret : comme le Flegme roussatre continuë toujours à sortir, il dissout une partie de ce sel, & le reduit en un esprit très-penetrant ; lorsque les vapeurs blanches sont changées en sel, & que le balon ou recipient n'est plus troublé, il faut un feu très-violent, & l'on voit alors sortir une huile épaisse, & qui ne coule qu'avec beaucoup de peine ; laissés alors refroidir pendant toute la nuit le fourneau sans toucher au feu, & delutés le lendemain le tout, après quoi l'opperation est faite.

Le Balon ou Recipient étant déluté, l'on secoüera fortement toutes les Liqueurs qui s'y trouvent, pour faire fondre les sels attachés aux parois de ce Balon ; après quoi vous verserés

coeunt & solidescunt, vasisque lateribus affixi sal volatile concretum constituunt Cùm semper prosilire pergat ruffum phlegma, solvitur ab eo salis pars & in subtilissimum spiritum convertitur. Cùm albidi vapores in sal concrevere, nec jam ampliùs turbidum est vas recipiens, violentissima requiritur ignîs tortua, tuncque densum suppeditatur oleum non nisi ægrè stillans Fornax dein per totam noctem, nullo accenso igne, sensim frigescat, posterâ die dissocientur vasa, & absoluta erit encheiresis.

A Retortâ disjuncto vase recipiente, coercitos in eo liquores omnes fortiter concute, ut parietibus concreti sales liquentur. Posteà in infundibulum chartâ emporrheticâ intùs munitum, liquidum

cette liqueur dans un Entonnoir garni de papier gris , pour la faire filtrer en la manière ordinaire , mais l'on aura une grande Cloche de Verre qu'on mettra par-deſſus l'Entonnoir , & le Vaſe qui reçoit cetteLiqueur ſpiritueuſe, & l'on bouchera avec de la Cire molle la baſe de cette Cloche poſée ſur la table ; par ce moyen l'on évite l'évaporation des Eſprits volatiles.

Lorſque la Liqueur eſt filtrée , il reſte au bas de l'Entonnoir une Huile graſſe de laquelle on peut ſe ſervir comme d'un Beaume excellent pour les douleurs de Sciatiques & Rhumatiſmes , on gardera cette Huile dans une bouteille.

Comme la première Liqueur qu'on a filtré à travers le papier gris , quoique ſpiritueuſe , ſe trouve mêlée avec celle qu'on appelle le Flegme , il eſt néceſſaire de faire une ſeconde operation pour n'avoir que le veritable & ſeul Eſprit volatile , de la manière que je vais l'expliquer.

Mettez votre Liqueur dans un petit Alambic de verre garni de ſon cha-

istud affundes, ut solitâ methodo filtretur; verùm & infundibulum ipsum, & vas quo spirituosus hic excipitur liquor, majori quâdam vitreâ campanâ cooperire, ejusdemque basim tabulæ innixam molli cerâ accuratè abducere præstabit; sic enim spiritûs volatilis evaporatio præcavetur.

Trajecto liquore, in infundibuli extremo superstes manet pingue oleum, quod tam quàm efficacissimum balsamum in ischiadico dolore, ac in rheumatismo usurpari potest, & hosce usus in amphorâ servabitur.

Quoniam prior per chartam emporrheticam transmissus liquor licet spirituosus phlegmati confusus innatat; ut sincerus, & impermixtus habeatur spiritus volatilis, secunda desideratur operatio nunc exponenda.

Liquorem infunde in exiguum vitreum Alembicum suo instructum capitello,

pîteau , auquel vous adapterés un petit recipient , il suffit de mettre cet Alambic au feu de sable très-lent, & vous aurés par ce moyen l'Esprit & le Sel volatile degagé du Flegme. Il est à remarquer seulement , que lorsque la Liqueur , qui sort de cet Alambic , n'est plus de couleur rous·fatre , & qu'elle vient au contraire fort claire , il faut cesser la distillation , parce que c'est une marque sûre que tous les Esprits & les Sels volatiles sont montés , & qu'il ne reste que le Flegme.

Après cette seconde operation , il en faut ajoûter une troisiéme , qui est la principale pour faire les Gouttes d'Araignées , & la voici.

Mettés l'Esprit que vous avés tiré par l'Alambic dans un Vaisseau cir-culatoire , c'est-à-dire, dans un matras garni de son vaisseau de rencontre ; vous y mettrés douze gouttes de bonne essence de Canelle , & autant de Geroffle sur chaque once d'Esprit d'Araignée , & ensuite mettés le tout en digestion sur un feu de sable fort

tuivas minimum recipiens adaptabis ;
lentiffimo tantum Arenæ igni Alembicum committe , ficque fpiritus , & fal
volatiles phlegmate exuti prodibunt. Illud folùm notare congruit , dùm affur-
gens liquor non ampliùs ruffo præditus
eft colore , fed potiùs pellucet , protinùs
intercipiendam effe deftillationum : id
enim volatiles omnes fpiritus & fales
proluitos fuiffe , folumque fupereffe phlegma certo arguit.

Huic fecundæ operationi tertia adjun-
genda eft , quæ palmaria ut Aranearum
Guttæ comparentur. Sic procedit.

Spiritum alembici minifterio elici-
tum , in vafe circulatorio , id eft , in
matratio , cui vas aliud inverfum apice
tenùs intrufum fit , repone : cuilibet fpiritûs Aranearum unciæ , optinæ cinnamomi effentiæ grana duodecim , totidem-
que caryophillorum addes ; omnia dein
per menfem , leniffimo Arenæ igne dige-
re , ut liquores hi multotiès velut per

lent pendant un mois , afin que ces Liqueurs aient le tems de bien circuler ; après quoi vous retirerés la Liqueur qui est dans ce matras , & la verserez dans des bouteilles bien bouchées pour vous en servir dans les occasions. C'est à cette Liqueur ainsi préparée que j'ai donné le nom de *Gouttes de Montpellier* , dont on a fait déjà tant d'expériences qui ont si bien réussi. M. Fagon premier Medecin du Roi en a fait lui même plusieurs , & l'on distilla publiquement ces Coques d'Araignées dans le Laboratoire Royal de Chimie de Paris.

J'ai fait préparer de trois sortes d'espèces de Gouttes , que l'on peut employer à differens usages ; les premières que j'appelle Alexitères sont merveilleuses pour purifier la masse du Sang , pour l'animer , & lui donner de la fluidité , dissiper les levains étrangers , qui en troublent l'économie , & la peuvent corrompre ; pour deboucher les viscères , ouvrir les voyes de l'urine & les vaisseaux de la matrice ; l'on s'en sert avec succez

orbem

orbem circumagantur ; ex matratio tandèm liquorem in amphoras affundes , in
quibus ritè obturatis , diligenter servabitur ad usus. Sic concinnatus liquor
ille est , cui Guttarum Monspeliensium
nomen indere placuit ; quive jam sapis-
simè maximo cum fructu fuit exhibitus.
Hujus efficaciam pluries ipsemet expertus est D. Fagon Archiatrorum Comes ,
& in Regio Parisiensi Pyrotechnio, Serici
Aranearum destillatio publicè fuit instituta.

Triplex Guttarum genus , variis usi-
bus congruum , me accurante , paratum
est ; primaGuttæ , quas Alexiterias voco ,
ad sanguinem expurgandum , commo-
vendum , fluxilem reddendum , ad sordes
omnes hæterogeneas , quibus & ipse cons-
purcari , & humana perverti potest æco-
nomia , extrudendas ; tùm & ad obs-
tructa viscera reseranda , pandendos
urinæ ductas , ac recludenda uterina
cola , mira præstant. Nec minori cum
successu adhibentur in febribus malig-

dans la Fiévre maligne, le Scorbut, les Morsures des Chiens enragez & autres Animaux venimeux ; pour faire sortir la Rougeole, & la petite Verole; dans l'Apoplexie, la Paralisie, les défaillances, les palpitations de cœur; dans la suppression d'urine, causée par les glaires, retention des menstruës des Femmes, & dans les accouchemens difficiles, & pour faire sortir l'arrière-faix aprés l'accouchement. La dose est depuis dix Gouttes jusqu'à vingt, aux Personnes qui ont passé quinze ans, que l'on verse ou fait tomber goutte à goutte dans du Vin, du Bouillon, où dans une Liqueur convenable, & l'on réitere ce Remede jusquà sept à huit fois, s'il est nécessaire : on en donne aux Enfans pour procurer une éruption plus prompte, soit dans la Rougeole où dans la petite Verole, depuis six gouttes jusqu'à douze dans de l'Eau de Scorsonnaire où de Chardon benis; j'ai toujours vû de bon effets de ces Gouttes dans ces sortes de maladies, pourvû qu'on ait desempli les vais-

nis , scorbuto , Canis rabidi aliorumque venenatorum animantium morsu ; ad promovendam morbillorum & variolarum eruptionem; in apoplexiâ , paralysi, syncope , cordis palpitatione : in ischuriâ à mucosâ materie , in catamœniorum suppressione , partu difficili , tandemque ad placentæ expulsionem ciendam. A guttis decem ad viginti , in ætate ultra decimum quintum annum excurrente , porrigitur hic liquor , vino, juri , aut alteri consentaneo liquido guttatim affusus , & hujusce medicaminis septies aut octies , si necesse sit , iteratur usus : ut citiùs prorumpant morbilli , aut variolæ, à Guttis sex ad duodecim in aquâ Scorsonera vel Cardui benedicti, puerulis exhibetur , in hujus modi morbis prosperè sempercessisse id Guttarum genus lubens observavi , modò priùs exigente plethorâ, sanguinea vasa depleta fuerint, & catarcticis aut emeticis , si casus innuat , eliminatæ fuerint primarum viarum sordes.

feaux, fi la plenitude le demande, & qu'on ait vuidé les prémieres voyes par des purgatifs, ou des Emetiques, s'il en eſt beſoin.

Cette préparation eſt la plus forte & n'eſt autre choſe que l'eſprit volatile de la Soye des Araignées, uni par une longue digeſtion & par une longue circulation, comme je l'ai déja dit, avec l'Huile de Canelle & de Geroffle.

Les ſecondes eſpeces de Gouttes d'Araignées, que j'appelle Hipteriques, ne ſont autre choſe que cet eſprit d'Araignées, mêlé avec l'Eſſence de Genévre & de Rhuë, ou de Caſtor ; elles ſont excellentes pour appaiſer les vapeurs qui viennent de la Matrice, & pour empécher le retour periodique de ces mémes ſymptomes ; on en peut donner deux fois par jour, mais aſſez loin de la nourriture ; l'on peut continuer ce remede pendant dix à douze jours, & pour la doſe elle eſt depuis dix gouttes juſqu'à vingt gouttes que l'on mêle dans de l'Eau diſtillée de la grande Valeriane, ou d'Armoiſe : ces

Primus ille liquor cæteris acriori vi præstat, & nil aliud est, quàm volatilis Serici Aranearum spiritus, diuturnâ digestione, & iterato in circulum itu ac reditu, cinnamoni, & caryophillorum essentiæ intimè sociatus.

Monspelienses secundi generis Guttas, quas hystericas nuncupare par est, spiritus Aranearum essentiæ juniperi, & Ruthæ, aut Castorei ad amussim commixtus constituit. Ad uterinos vapores compescendos, & ad periodicum horum symptomatum recursum avertendum præcellunt ; bis in die, at longè à pastu, hauriri queunt ; has aquæ stillatitiæ Valerianæ majoris, aut arthemisiæ affusas, à guttis decem ad viginti usque, per decem aut duodecim dies, assumere licet : suam adhuc vim exerunt adversus épilepsiam, sed ante & post hujus remedii usum, primas vias oatharetico eluere decet.

Gouttes font encore bonnes contre l'Epilepfie, mais il faut avoir le foin de purger le Malade au commence-ment & à la fin de ce remede.

Enfin la troifiéme efpece de Gout-tes, que j'appelle Anodines, font mé-lées avec de Laudanum, & l'Effence de Caftor ; elles font un effet mer-veilleux dans les maladies de douleur, telles que la colique d'eftomac, la bilieufe & la nefretique ; elles appai-fent les douleurs par le moyen des Souffres anodins & balfamiques qu'el-les contiennent, & emportent fou-vent la caufe de la maladie, en adou-ciffant l'acrimonie du fel d'où elle depend.

La dofe de ces Gouttes eft la méme que les precedentes, ayant égard à l'age & à la violence de la maladie ; ce qui doit être reglé par la prudence du Medecin.

Toutes ces trois efpeces de Gouttes de Montpellier, ont été experimentées depuis plufieurs années, & elles ont eu un grand fuccés, Mrs. les Profef-feurs de Medecine de l'Univerfité de

Tertii tandèm generis Guttæ, Anodynæ meritò dictæ, ex jam laudati volatilis spiritûs cum laudano & Castori essentiâ connubio exurgunt. Dolorificos affectus ut colicum ventriculi dolorem, tùm & biliosum ac nephriticum mirè sedant: faustum hunc effectum, anodyno ac balsamico sulphure pariunt, quo persæpè salium acrimoniam lenientes, morbi causam depellunt.

Eâdem dosi exhibentur ac priores, habitâ semper ætatis, morbique sævitiei ratione, quod à prudenti Medico sedulò expensum præfinietur.

Triplicis hujus Guttarum Monspeliensium generis, à muttis annis, & pluribus experimentis, & auspicatiori semper eventu, comperta fuit virtus. In Universitate medecinæ Monspeliensi,

Montpellier , ont fait foutenir des Thefes publiques dans leur Ecole , pour prouver que les Gouttes de Montpellier , étoient préferables à celles d'Angleterre.

F I N.

ſolemnes à Profeſſoribus habitæ fuere diſputationes, ut Monſpelienſes Guttas Anglicanis anteponendas eſſe liqueret.

FINIS.

ILLUSTRISSIMO NOBILISSIMOQUE

VIRO D. D. FRANCISCO-XAVERIO

BON,

REGI A CONSILIIS,

BARONI DE FOURQUES,

Domino de Celleneuve , Terrades , &c.

Supremi Senatus Monspeliensis Principi Designato.

Regiæ Scientiarum Societatis Præsidi

D. D. D.

Antonius-Nicolaus Billebot , Senonensis.

QUÆSTIO MEDICA.

Pro Baccalaureatu mane discutienda in almâ Monspeliensium Medicorum Academiâ.

PRÆSIDE.

R. D. Joanne BEZAC Professore Regio.

An Apoplexiæ GUTTÆ MONSPELIENSES.

APOPLEXIA eſt præternatu-
ralis functionum animalium
cùm principum, tùm minùs
principum abolitio, remanen-
tibus tantùm vitalibus & naturalibus quæ
ipſe quoque difficulter & laboriosè exer-
centur.

Cùm ex phynologicis evidens ſit
functionum animalium exercitium ſpi-
ritibus deberi, qui ſuâ præſentiâ
ſubſtantiam cerebri continuò diſtendant,
& jugi ac perpeti fluxu univerſas
corporis partes vivificent; functiones
eas animales in apoplecticis ideò
concidere, atque aboleri conſequens
eſt, quod ſolitus ſpirituum in partes
influxus, ſolitaque eorumdem in
cerebro præſentia defficiat; proxima
itaque apoplexiæ. Cauſa ſpirituum
animalium defectus futurus eſt.

Sed nequeunt ſpiritus in cerebro
deficere, niſi corticales glandulæ,

per quas solent transcolari , à solito cessent officio ; illæ verò glandulæ à secretione cessant , vel quia obstruuntur, vel quia comprimuntur , vel quia laxantur & in se concidunt. Tres ergò remotiores apoplexiæ causæ futuræ sunt , obstructio , compressio , & relaxatio glandularum , quæ cotticalem cerebri substantiam constituunt.

Porrò corticales illæ glandulæ 1°. obstruuntur à materiis crassioribus , quæ unà cum spiritibus ipsis etiam crassis à sanguine viscoso & pituituoso suggeruntur. 2°. Comprimuntur à crassio per ictum ; aut aliâ de causâ depresso , inflammationibus , aut suppurationibus intrà crassii claustra factis sanguine aut impensiùs rarescente , uti fit ex insolatione , irâ vehementiore, abusu liquorum ardentium , usu præpostero frictionum mercurialium : aut crassitie nimiâ in propriis cerebri vasis moram trahente , ut contingit ex moerore , tristitiâ , ærumnis , vitâ sedentariâ, acidioribus primarum variarum succis , &c. 3°. Relaxantur ab aquosiore sanguine , immoderato narcoticorum ufu, &c. Quæ omnia inter pro Catharcticas & evidentes apoplexiæ caufas debent recenferi.

Ex propofitâ apoplexiæ ætiologiâ, functiones omnes animales, imaginationem, memoriam, ratiocinium, fenfum, atque motum, fuppreffa fpirituum fecrecione, ceffare mirum non eft. Mirum potiùs, quòd in tali ftatu refpiratio, deglutitio atque cordis pulfatio perfeverent. Illæ enim motiones cùm à jugi fpirituum fluxu dependeant, videntur in apoplecticis perindè ac cæteræ abolendæ; & abolerentur fanè pari prorsùs modo, fi nervi, quibus in harum motionum organa fpiritus derivantur, ab eadem cerebri parte, à quâ cæteri corporis nervi, enafcerentur. Verùm plurima demonftrant experimenta nervos, qui refpirationi, deglutitioni, & cordis motui profpiciunt, à cerebello oriri, prodire verò à cerebro nervos, qui voluntariis artuum motibus deftinantur. Cerebrum autem cùm mollius fit laxuifque, obftructioni, compreffioni, & relaxationi magis patet; cerebellum è contra utpotè firmius & densius, triplici hucè læsioni fortiùs resistit. Suppressâ ergò in cerebro spirituum secretione, eam quoque in cerebello supprimi consequens non est : possuntque adeò, quamquam voluntarii motus à cerebro dependentes abolcantur, functiones, quæ à cerebello foventur, exerceri·, verùm debiliùs, lentiusque ; cùm cerebellum non sit ab omni prorsùs læsione immune, sed & morbificæ causæ, quâ cerebrum opprimitur, quadantenùs particeps.

Diagnosis apoplexiæ patet intuenti : distinguitur à caro secundum magis & minùs ; ab epilepsia ex convalsione aut motibus convulsivis, quæ in hâc essentialiter adsunt, desunt verò in apoplexiâ : à catalepsi, quòd in hâc tensa sint membra, ac quodam modo rigida, in illa verò flaccida penitùs, atque laxata : à syncope demùm, quòd in eâ pereant functiones omnes, ad sensum sallem ; in apoplexiâ verò naturales, ac vitales functiones permaneant.

Duæ solent apoplexiæ species constitui habitâ causarum ratione ; una,

quæ

quæ à rarefcente nimis fanguine ; altera, quæ à craffiore producatur. In illâ rubet facies, calet corpus, pulfus vehementior eft validiorque, citatior refpiratio ; in ifta verò languefcit pulfus, labafcit refpiratio, frigent extrema, pallet facies, ac plerumque cadaverofa eft. Priorem fanguineam, pofteriorem verò pituitofam vulgò placuit appellare.

Prognofis periculofa debet femper inftitui, & ut plurimùm lethalis. Afferit enim Hippocrates aphorifmo 42. fect. 2. *Apoplexiam fortem tollere impoffibile debilem verò non facile.* Nec Hippocratem falfi hac in re convicit fequentium fæculorum experientia.

Si apoplexia à fanguine nimis rarefcente producatur, depletis vafis, & repreffo fanguinis orgafmo, feliciter curatur, neque ullus fupereft gravior affectus. Si verò ab obftructione, relaxatione, aut compreffione dependeat, quam craffior fanguis induxerit ; curatam apoplexiam folet confequi paralyfis particularis vel univerfalis, obftructis videlicet hoc in cafu, aut fero laxatis nervorum principiis.

E

A quâlicumque autem causâ apoplexia dependeat , five à nimiâ fanguinis craffilie , five à præternaturali ejufdem effervefcentiâ, minimè dubium eft , quin ejus curationi imprimis conveniat venæ , feĉtio. Siquidèm depletis quadantenùs vafis fanguiferis , ceffat violenta compreffio, quam corticalibus cerebri glandulis diftenfione nimiâ inferunt. Celebrantur autem venæ feĉtiones vel in brachio , vel in pede , vel in collo pro Medici prudentiâ ; plures fi fanguis rarefcat , & impenfiùs fermentetur , pauciores fi craffior fuerit & difficilè circuletur. Æger deindè modis omnibus exfufcitandus eft , motufque vehementior , fi fieri poffit, fpiritibus , qui tunc in cerebri ergaftulis & pauci & torpidi exiftunt , communicandas. In hunc finem avellendi capilli , contorquendi digiti , pungendus æger. Cucurbiteĉtæ applicandæ , & fcarificandæ. Verùm his omnibus , potentiùs agunt propineĉta emetica , quibus interior ventriculi tunica irritatur. Hinc enim vehementer fiunt ad cerebri meditullium fpirituum refluxus , quibus op-

preſſa cerebri compages relaxatur ; va-
lidæ excitantur partium contractiones ,
quibus ſanguis velociùs motus objecta
ſibi in cerebro repagula vincit, ſuper-
atque ; ac demùm vitioſus primarum
viarum limus , qui morbi plerumque
fomes eſt , expellitur , & evacuatur.

Quòd ſi neque Emetica, neque cathar-
tica emeticis addita quidquam profece-
rint, certumque aliundè ſit indubiis ſig-
nis, quæ ſuperiùs, Recenſuimus apoplexiam à craſſiore ſanguine induci , ad ſpi-
rituoſa medicamina confugiendum eſt ,
quibus ſanguinis corrigatur craſſities ,
& intendatur fermentatio ; laudantur
ex his ſalia omnia volatilia , ex cornu
Cervi , Cranio humano , ſale ammo-
niaco , urinâ extracta , lilium antimo-
niale paracelſi, Guttæ Anglicanæ , quæ
ex vulgari Serico diſtillantur ; ſed pal-
mam omnibus præripit ſpiritus volatilis , qui ex Aranearum folliculis diſ-
tillatione elicitur ; novum quidem ſed
utile atque efficax remedium , quod
acceptum debemus Illuſtriſſimo viro
D. D. Bon , Senatûs Monſpelienſis
Principi deſignato , cujus non hortatu

modò & fuafione, fed operâ quoque
atque ftudio naturalis Hiftoriæ notitia
mirè promovetur. Ille enim ceu natu-
ræ Myftes, quæ altis tenebris hactenùs offufa fedulam aliorum difquifi-
tionem elufere, acri ipfe ingenio facilè retegit, dùm fubfecivis horis animum gravioribus negotiis implicitum
dulci, utilique fimul relaxat oblecta-
mento. Tàm fagacem in inquirendo,
tàm perfpicacem in examinando, tàm
acutum in inveniendo rerum phyficarum
fcrutatorem, præreptum fibi meritò
quereretur philofophia, nifi curis natus
nobilioribus, & dignitati fuæ, & pu-
blicæ totus deberetur utilitati. Primus
ille neglectos ufque adhuc Aranearum
folliculos pretiofis veftibus conficien-
dis utiles effe demonftravit. Primus
analifi chimicæ expofuit, atque ex iis
fpiritum volatilem efficaciæ fummæ
elicuit. Primus demùm extractum indè
fpiritum variâ medicaminum mifcelâ
temperandi modum edocuit in pereru-
ditâ differtatione, quam publici juris
nuper fecit. Ut ergò propofitæ quæf-

tioni plenè satisfaceremus , paucula quæ sequuntur hinc excerpere visum est , quæ ad struendam conclusionem non parùm sunt illustratura.

Aranea non vile modò , sed etiam exosum est atque invisum animal. Eam tamen non suo erga nos merito , sed ignorantiâ tantùm vel præjudicio exhorrescismus. Neque enim , si tarantulam excipias , veneno noxia est , sed contra utilis nobili vellere, quod Serico ipsi nec pretio , nec utilitate cedit. Casses quidem nullius pretii æstate ferè totâ prætendit in aëre vacuo , ut muscis insidietur , quibus vescitur ; sed mense Augusto utero jam prægnans firmiora depromit stamina , quibus in folliculos circumductis ova arctè concludit , & contra hiemalis frigoris vim , atque cæterorum animalculorum injuriam cautè munit.

Collecti hice folliculi , si retortæ inditi lento igne , ut artis est , distillentur , spiritum suppeditant Alkalinum volatilem , qui cæteris quibusvis homogeneis spiritibus efficacior est , acriorque ; atque palato simul gratior , cùm nares odore minùs graveolenti percellat. Raro tament folus & impermixtus ufurpatur , fed variis temperatur materiis, quæ ei vehiculi inftar fint , quibufcum repetitis circulationibus intimè, commifcetur. Solent autem pro Medici prudentiâ materiæ diverfi generis adjungi , quæ & ipfæ curationi morbi , cui deftinatur remedium , poffint confpirare ; fic ad dolorem colicum tincturæ opii permifcetur , ut , dùm fpiritus ipfe tentos vifcidofque humores incidit , quibus inteftina diftenduntur , narcoticæ oppii partes cerebrum laxando dolorificas impreffiones obtundant. Sic ad hiftericos infultus , caftoreo , vel effentiâ rutæ temperatur , ut eâ ratione fpiritus fanguinem craffiorem præcordia opprimentem attenuet , atque Rutæ,vel Caftorei partes violentas nervorum irritationes fimul demulceant & compefcant. Sic denique ad apoplexiam & foporofos affectus , qui à craffo fiunt fanguine , oleo effentiali cinnamomi vel timi admifcetur,ut unitis viribus in propriâ fpiritûs energiâ , & olei hujufce actione craffior fanguis alteratur miftiones hafce quafcumque quoniam Monfpelii noviffimè fuerunt inventæ, ut fuprâ dictum eft, GUTTAS MONSPELIENSES appellare placuit, defumpto à Guttis Anglicanis nomine, quæ ratione fimili parantur. Evidens autem eft priora duo guttarun genera apoplexiæ quæ à craffiore fanguine inducitur, vel nunquam vel minùs convenire; fed pofteriùs mirificè profuit, cùm craffiorem fanguinem dividat, languefcentem ejus fermentationem intendat, atque uberiorem promoveat fpirituum fecretionem. Undè jure concludimus.

Apoplexiæ, quæ à craffo fanguine dependet, præmiffis præmittendis, Guttas Monfpelienfes convenire.

Propugnabit in auguftiffimo Monfpelienfis apollinis fano, ANTONIUS-NICOLAUS BILLEBAUT Senonenfis, artium liberalium magifter, & jam dudùm medecinæ ftudiofus, ab horâ octava ufque ad meridiem. die Menfis Maii 1710.

L E T T R E

De Monsieur Fagon, Conseiller d'Etat ordinaire, & premier Medecin du Roy, écrite à Monsieur Bon, premier Président de Montpellier le 28. Mars 1710. pour remercier ce Magistrat des Gouttes d'Araignées qu'il lui avoit envoyées, & pour lui apprendre que les experiences qu'il en avoit fait faire publiquement avoient très-bien réussi.

MONSIEUR,

Vous satisfaites si obligeamment à votre parole, que vous passés beaucoup ce que j'en devois attendre, &

vous faites bien connoître par votre ponctualité l'arrangement de vie qui vous menage le loifir, de paffer de l'application aux affaires confiderables d'un prémier Magiftrat, à ces nobles occupations qui vous fervent d'amufement ; c'eft auffi, Monfieur, la maniere dont j'ay eu l'honneur de parler de vous au Roi & à Monfeigneur le Duc du Maine.

L'étenduë de vos lumieres & la regularité de votre vie vous donnent moyen d'étendre à des découvertes agreables & utiles au Public, le tems que les autres ont coûtume de confommer au jeu, où à d'autres auffi inutiles, & fouvent domageables divertiffemens.

J'ajoûte que Monfieur Colbert mettant les Finances de Sa Majefté dans le bon ordre qui avoit rendu fon Tréfor fi abondant, ne laiffoit pas de menager quelques momens fuperflus à fes principales affaires, pour entrer dans le détail du progrès des Arts, & des découvertes de l'Academie des Sciences, dont il avoit propofé l'établiffement au Roy ; comptant, comme l'ont pensé tous les Hommes illustres de l'Antiquité, que la posterité regardoit toujours avec une espece de reconnoissance & d'admiration le regne des grands Princes qui ont contribué à la perfection des Manufactures & à la découverte des choses dont elle sent l'utilité. Je vous suis très-redevable, Monsieur, d'un tems que vous avés derobé à ces heures de votre divertissement, pour m'écrire si exactement tout le procedé de votre sel volatil. Je ne pretendois pas en vous demandant la grace que vous m'aviez promise sur ce sujet, de vous engager à ce détail, de la préparation generale & ordinaire de ces sels volatils ; ç'auroit été abuser inutilement de votre loisir ; j'esperois seulement, Monsieur, d'apprendre le melange particulier du votre avec les matieres ætherées dont l'union vous a paru produire un bon effet. Il y a des occasions où je craindrois, que l'essence de Thyn ne donnât trop d'agitation au sang, & où l'alliance de la vertu calmante du Castor, & de l'essence de Rhue convien-

droit davantage à moderer les fecouf-
fes convulfives des parties nerveufes,
& à relacher la tenfion de leurs fibres
& par conféquent à apaifer les fortes
de mouvements & de trouble du genre
nerveux , qu'on appelle ordinairement
vapeurs ; en vous remerciant très-hum-
blement , Monfieur , de l'honneur que
vous m'avés fait de me confier fi
promptement & fi genéreufement votre découverte , je crains fort que vous
ne foyés furpris du retardement de ce
jufte devoir ; j'efpere pourtant que vous
le pardonnerés à des occupations , qui
ne font pas reglées comme les votres ;
car outre les affiduités journalieres , &
perpetuelles , elles font prefque fans
ceffe traverfées d'incidens qui ne me
laiffent pas un moment dont je puiffe
difpofer , & m'obligent de facrifier à
la neceffité indifpenfable , ce que les
regles de l'honneteté demanderoient
fouvent de moi , & dans le cas pre-
fent particuliérement ce qu'en éxigeoit
la paffion que j'avois en recevant la
lettre que vous m'avés fait l'honneur

de m'écrire, de vous marquer le plaisir extrême qu'elle me faisoit.

Les experiences qui ont été executées sous mes yeux de vos Gouttes de Montpellier ont toutes fort bien reussi, puisqu'au Jardin Royal on a tiré publiquement au Laboratoire de ce Jardin, l'huile, l'esprit, & le sel volatil de vos Coques d'Araignées ; ces matieres en sont forties plus aisement que des autres sujets dont en tire & sont forties fort promptement de la cornuë, à la seule chaleur du Sable, & le sel volatil en plus grande quantité puisque d'environ cinq onces de Coques d'Araignées, on en a tiré environ cinq dragmes. On a préparé de ces Gouttes avec differens mélanges des huiles atherées qui conviennent aux diverses intentions qu'on peut avoir pour son service ; & on les a trouvées plus vives que celles d'Angleterre. cela s'est passé avec les applaudissemens que merite la noble inclination d'un premier Magistrat, auquel de si curieuses & si utiles recherches servent d'amusement.

J'ay fait placer le reste de ces Gouttes preparées pour servir d'échantillon
dans le Cabinet de la matière Medi-
cale du Jardin Royal. Le Public vous
doit être à jamais redevable d'une
découverte qui lui peut si utilement
servir pour conserver la santé & pour
la parure. Je suis avec respect,

MONSIEUR,

Votre très-humble
& très-obeiffant
Serviteur.

A Versailles ce   FAGON, *signé.*
28. Mars 1710.

AD ILLUSTRISSIMUM VIRUM

D. D. DE BON,

Principium supremæ Monspeliensis Curiæ,

Cum donis ejus cumulatissimus munusculum mitteret.

JACOBUS VANIERE è Societate Jesu.

ECLOGA.

MISSA sibi nuper pesulo de monte menalcas,
Dona recognoscens oculis, animoque reponens
Verba memor, quibus ornarat sua mu-
    nera Daphnis ;
O ! mihi paupertas, inquit ? jam dura !
    fuisne
Me toties mentis impleverit ille ; nec
    unquam

Mutua perpetuis referatur gratia donis !
Non ita ; namque mihi , si res angusta ,
    voluntas
Non pauper, Daphnisque animum , non
    grandia carat
Dona, deûm similis , vitæ queis debitor
    offert
Fumosis pia thura focis , & gratus
    abundè est.
    Ast age, quid demùm referam ? mihi
    mollior agnus.
Aurea sunt & mala domi , sed Daph-
    nidis hortos.
Vidimus excultos mirâ feliciter arte ;
Quos latè regio nunc prædicat omnis ,
    aquarum.
Fontibus irriguos , & terræ munere dites.
Non Pyra , non molles ficus , non au-
    rea desunt
Mala : virique greges qui binis augeat
    agnis
Donis ille suis exattet ineptiùs , undæ
Quàm qui rivos inops vano cum mur-
    mure fertur ,
Et vasto fore magna putat sua munera
    ponto.
    Ars manuumque labor rebus succur-
    rat egenis ;   Et

Et tenuem lento texamus vimine ciftam,

Quâ flores legat ille fuos , & poma re-
ponat.

Clara domo phyllis , fed clarios
arte , menaleam

Adiit hæc fecum vano fermone moven-
tem ;

Et miferata virum , corbes mefforibus ,
inquit ,

Texe tuis: dignam fed Daphnide frigere
ciftam ,

Me labor ille manet , dulcis te propter ,
& ipfum

Daphnida , quem totâ paffim regione
loquuntur

Mufarum celebrem ftudiis , & apollinis
arte.

Hæc affata , domum repetit , gem-
mafque latenti

Stamine , fic conjungit acu , variofque
colores

Temperat , ut calatho phoebum doc-
tafque forores

Addiderit : medius ftat Apollo , chely-
que remiffâ

Mufarum gaudet modulis ; fua quam-
que fororum

G

Iuscribit] facies , habitusque vel ore ca-
    nentis

Aut cihará , recto vel grandiùs ære
    sonantis.

Mollibus ars oculis sic insidiatur , ut aure

Protinus urectâ, quæras audire silentis

Carmina docta chori : Phyllis gemmata
    menalcæ

Texta dedit, misitque brevi cum carmi-
    ne cistam ;

» En tibi quo possit donari munere
    » Daphnis :

» Hui meritas tu redde vices ; ego præ-
    » mia longi

» Magna feram, si te , si nos amat ille,
    » laboris.

    Luminibus legit hæc avidis , dono-
    que superbus

Sic phoebum & musas compellat voce
    menalcas.

Ite mei memores & phyllidis , ite ca-
    mænæ :

Alter apud Daphnim , vatum quem
    turba frequentat,

Vos pindus manet, & pesulo non mon-
    te pigebit,

Aonium mutasse jugum : clementia coeli

Parutrique loco , paribus viget æmula
    laudum
Urbis ftudiis , cui vel formâ , vel pal-
    ladis arte
Infignes prifcum (1) nomen fecere
    puellæ.
Ite , meus vos Daphnis amat , claroque
    tuetur
Præfidio : veftros non diffona fila mo-
    rebit
Ille choros inter citharam cùm tanget
    eburnam
Nec tacitur vos livor edat , fi pulchrior
    offert
Se fe nympha , toro cum Daphnide
    vincta jugali ;
Huic dryades formæ decus , huic ceffe-
    re napææ ;
Naïadumque decens chorus ; & vos ce-
    dite Mufæ ,
Cedite , veftra fatis victoria laudis ha-
    bebit ,
Vos quoque blandiloquo , fi non fupe-
    raverit ore.
    At tu phoebe pater , mirabere Daph-
    nida , leges

(1) Monfpelium dicitur apud prifcos autores Mons
puellarum,

Cùm feret , atque brevi longas fermone
    recidet
Paftorum lites , inimicaque jurgia ,
    quorum
Arbiter unus eras agitans per pinguia
    quondam
Arva greges : rerum qui diceris effe
    (1) repertor ;
Triftibus adduétam rugis ne contrahe
    frontem ,
Si cupidâ Daphnis paftores aure bi-
    bentes
Plura docet , quàm te quondam didi-
    cere magiftro ,
Scis , ne cunéta loquar , famâ vulgata
    recenti
Humanos inventa fagax quæ Daphnis
    in ufus
Extudit , & magnâ nuper fpeétante
    Coronâ , (2)

(1) *Inventum Medicina meum eft , rerumque repertor dicor* Phoëbus de fe ipfo apud Ovidium.

(2) Celeberrima provinciæ comitia, quæ Monfpelien-fem Academîam fuâ nuper præfentiâ cohoneftarunt, cùm Illuftriff. D. Bon de Aranearum opificio à fe ex cogitato, fermônem haberet, quem opere ipfo con-firmavit, veftem proferens novo Aranearum filo con-textam eamque Bombycinâ præftantiorem , neque operofiorem , fi repefiatur cibus facile parabilis quo alantur Araneæ.

Protulit in medium , spretæ novus ul-
    tor (1) Arachnes.
Hæc utero damnata putres evolvere
    telas ,
Hactenùs invisum clàm per laquearia
    filum
Neverat , implicitis retinacula histia
    muscis.
Daphnis ad antiquas laudes revocavit
    Arachnem ,
Jussit & artifici profundere vellus ab
    alvo ,
Divitibus niteat queis alta palatia telis.
Illius en espreto serum jam mnnere
    (2) Reges
Stamine membra tegunt , oculis quod
    rursùs iniquis
Invida nequicquam spectabit ab æthere
    Pallas,
    Ornamenta mei vos denique mune-
        ris , ite
Candidulæ , viridesque , & tinctæ mu-
    ricæ gemmæ ,

(1) Arachnes lanificiæ artis olara Palladem ipsam in
certamen vocavit , nec nimis superbè , quod nextura
ipsa probavit. Irata Pallas Arachnem in Araneam mu-
tavit , ut pluribus narrat Ovid. 6. Metamorph.
  (2) Vestem Aranearum filo textam , recentis inventi
primitias , Regi dono dedit Dominus de Bon.

Daphnidis ite domum, & veſtras cog-
noſcite conchas,
(1) Mille inter maris exuvias, pre-
tioſaque terræ
Munera, reliquias inter, monumenta
que priſci
Temporis, effigies, & ahenea ſigna
deorum,
Inter & ora virum rubris inſcripta lapillis
Cæſareos inter vultus ; num moſque
vetuſtos,
Æris & argenti ductos aurique metallo.
O ! ego quantus ero ! noſtri leve pig-
nus amoris :
Si quandò, tot opes intervos tenuia,
gemmæ,
Munera conſpiciam ! Quàm fortuna-
tior ! unà
Si liceat comes ire, meumque reviſere
DAPHNIM.

(1) Dominus de Bon concharum genus omne, aliaque
maris pretioſiſſima ſpolia collegit, de quorum mirâ
varietate, & uſu crebros in Academiâ Moſpelienſi
ſermones habuit. Congeſſit & lapillorum marmorumq.
genus omne, multas deorum ſtatuas, aliaque vetuſtalis
inſignia monumenta, pretioſam imprimis numiſmatum
ſeriem ex auro, argento, & ære utriuſque moduli.

LETTRE

Ecrite sur le même sujet à Monsieur Bon le 26. Janvier 1710. par le R. P. Pouget Prêtre de l'Oratoire, Docteur de Sorbonne, & Abbé Commandataire de Chambon.

J Am cultæ celebrent mortales dona
» Minervæ,
» Jamque sui linquant Nymphæ vineta
» Timoli,
» Jamque tuas linquant Nymphæ
» pactolides undas,
» Rursùs ut aspiciant opus admirabile
» Arachnes,
» Exortus tandem est spretæ novus
» ultor Arachnes,
» Quodque opus exegit, non illud
» carpere livor,
» Nec poterit ferrum, nec edas abolere
» vetustas.

Jufqu'ici , Monfieur , nous avions vecu dans l'erreur populaire ; qui nous avoit fait croire qu'Arachné celebre Brodeufe , s'étont elevée en elle-même de fon propre merite jufqu'à ne vouloir pas reconnoître que fon habileté dans fon art venoit de Minerve , & de prétendre même en fçavoir plus que cette Déeffe : Minerve fe cachant fous la forme d'une veille femme pleine d'experience & de bon fens vint à elle pour la convertir ; que cette Brodeufe méprifant des avis fi fages , eut l'infolence d'infulter à la Déeffe de laquelle elle ne croyoit pas être entenduë ; que Minerve fe montrant alors avec tout fon éclat, fit à la verité rougir Arachné, mais qu'elle ne pût par cet éclat la faire rentrer en elle-même jufqu'au point de reconnoître fa faute ; que la temeraire Brodeufe ne craignit pas de défier Minerve en perfonne ; que le défi étant accepté , elle eut l'impieté d'infulter encore à tous les Dieux en choififfant pour en faire fon chef-d'œuvre les crimes & les adulteres par lefquels elle accufoit les Dieux d'avoir foüillé leur dignité, & peignant toutes. ces hiftoires fcandaleufes en broderie fort delicate & fi achevée, que l'envie même n'auroit pû y trouver de défaut contre les régles de l'art ; qu'alors Minerve ne pouvant retenir plus long-tems fon indignation, prit avec colere l'ouvrage ; & le Metier d'Arach-né, qu'elle le rompit en morceaux, & qu'elle lui donna fur le front trois ou quatre coups de fufeaux très-violents, qu'Arachné fe pendit de defefpoir ; que Minerve la voyant dans cet état, la força à vivre ainfi éter-nellement fufpenduë, pour être un exemple à la pofterité, & apprendre aux Hommes à ne pas méprifer les Dieux, qu'elle repandit enfuite fur le Corps de cette pauvre Créature une liqueur empoifonnée dont l'effet fut de la defigurer, & de la transformer jufqu'au point où nous la voyons au-jourd'hui, lui laiffant néanmoins la trifte confolation de travailler fans relâche à une Broderie inutile, & la rendant au refte l'execration de tous les mortels.

Voilà , Monſieur , ce que nous avions cru juſqu'ici un peu trop legerement ſur le témoignage des Poëtes , mais vous venés de faire voir demonſtrativement que cette Hiſtoire n'eſt qu'une fable & un conte fait à plaiſir , & que les Poëtes , qui ont eu de tous tems auſſi bien que les Peintres la liberté de tout entreprendre , ne doivent pas être crû facilement ſur leur parole.

La pauvre Arachné donne depuis pluſieurs milliers d'années des preuves éclatantes de ſon humilité par le profond ſilence qu'elle garde depuis tant de Siecles ſur toutes ces calomnies , nonobſtant les grands talens qu'elle a reçû des Dieux immortels , elle cache avec une moderation qui n'a gueres d'exemples parmi les mortels , tous les avantages qu'elle poſſede , & elle a la patience de ſe voir elle , & tous ſes deſcendans mepriſée de tout le monde , & miſe au dernier rang des Creatures. Nonſeulement les Rois , & les Princes , les Grands Seigneurs & les Magiſtrats , mais même les plus petits Bourgeois ne peuvent fouffrir fa race ; on la chaffe de par tout, on la pourfuit avec indignation, fa feule vûë fait horreur, & fes ouvrages font regardés comme le Symbole de l'inutilité. Les Villageois & les plus pauvres d'entre le petit Peuple font les feuls qui par pitié où plûtôt par indolence la laiffent vivre en repos, & cependant elle travaille fans ceffe pour l'utilité de ceux qui la meprifent, & qui la traitent d'une manière fi indigne, & elle fe tait.

Mais peut-elle s'empêcher de fentir tous ces outrages ? Et combien de fois n'a-t-elle pas brodé fur fa toile ces paroles ?

» Exoriare aliquis tandèm fpretæ
» novus ultor Arachnes.

Les Dieux l'ont enfin exaucée, foit pitié pour cette creature infortunée, foit bonté pour ceux-mêmes qui la meprifoient, ils commencent à fe faire entendre. Minerve, la fage Minerve infpire un celebre Magiftrat, deftiné pour être un jour à la tête d'un Corps illuftre ; le vengeur public de l'innocence opprimée. Ce Magiſtrat divinement inſpiré, penetre dans les ſecrets les plus profonds de la nature, & par ſes heureuſes decouvertes, il tire la pauvre Arachné & ſa race de l'oppreſſion, il la remet en honneur, & il fournit en même tems à toute la terre une reſſource nouvelle pour ſe délivrer de la miſere & pour ſe conſoler des autres recoltes qui manquent aux hommes.

Vous avez ſenti, Monſieur, en faiſant part au public de ces heureuſes découvertes, que Minerve ne vous y avoit fait entrer que pour ſoulager les miſerables; il eſt juſte aprés tout, que ceux, qui ſeuls entre les mortels ont eu de la pieté pour la race d'Arachné, en exerçant avec bonté l'hoſpitalité envers elle, ſoient les premiers à recevoir les effets de ſa reconnoiſſance, en tirant profit des biens qu'elle leur procure; ils vont preſentement recuëillir avec empreſſement les riches treſors que vous leur avez montrez, & l'abondance dans laquelle ils vont vive, excitera bientôt la jalouſie des autres hommes. En ſorte que dans peu de tems vous aurez la confolation de voir les Maifons les plus opulentes deftiner de vaftes appartemens à cette race , dorénavant illuftrée par vos travaux & tirée par vous de l'obfcurité dans laquelle elle gemiffoit.

Je ne doute pas même que vous ne parveniez enfin à faire recevoir Arachné avec diftinction dans les Compagnies les plus brillantes & que vous ne la rendiez auffi celebre par tout l'Univers qu'on pretend qu'elle l'étoit autrefois dans la Méonie , dans la Lydie , & dans la Béotie ; les Nymphes quitteront de nouveau leur fejour pour la venir voir travailler , comme on dit qu'elles firent autrefois fuivant ces vers.

    * Hujus ut afpicerent opus âdmira-
        bile , fæpè
Defcruere fui Nymphæ vineta Timoli,
Defcruere fuas Nymphæ Pactolides
        undas.

Et Minerve faira connoître par vous à toute la terre combien étoient calomnieufes les accufations dont on a chargé cette pauvre créature. Le grand nombre

* Ovid. metam. lib. 6.

de Maladies dont vous allés par elle procurer la guérison faira voir avec évidence que ce qu'on avoit debité du venin répandu par Minerve fur le corps d'Arachné étoit une pure impofture ; on va s'empreffer à recuëillir de tous côtés ce puiffant Remede , qualifié fauffement de poifon ; en un mot toute la terre va chanter aprés vous les loüánges d'Arachné , quand les hommes fe verront couverts des Etoffes prétieufes qu'elle leur aura filées & guéris de tous leurs maux par le fuc merveilleux qu'elle leur aura fourni. Tant il eft utile de cultiver Minerve comme vous le faites

Jam cultæ celebrent mortales dona
Minervæ.

Mais c'eft affés badiner fur Arachné , le ton eft d'ailleurs pour moi un ton forcé , ce ftile ne me convient nulle- ment, & j'avoüe que je ne comprends pas moi même comment occupé com- me je le fuis à mille affaires ferieufes , je me fuis avifé d'employer deux heu- res de délaffement à jetter fur le papier des penfées , qui auroient pû m'occuper agréablement quand j'étudiois en feconde & en rethorique, mais qui ne conviennenr plus à mon âge ni à ma profession, ni à mes vûës. Je ne l'ay fait, Monsieur, que pour vous montrer par là que je suis sensible au service que vous rendés au Public par cette nouvelle & curieuse découverte qui peut effectivement être très - utile & donner lieu à en faire tous les jours de pareilles sur les choses les plus communes, dont les hommes se serviroient avantageusement en mille besoins, s'ils sçavoient en connoître les proprietés cachées. Je ne suis pas moins sensible, Monsieur, à la grace que vous me faites de m'offrir un exemplaire de votre discours quand il sera imprimé. Je l'attends avec empressement, & je le liray avec l'avidité d'un homme qui s'interesse infiniment à tout ce qui vous regarde, & qui fait de tout tems profession d'être avec un attachement plein de respect, Monsieur, votre très-humble & très-obeissant serviteur.

Signé POUGET, Prêtre de l'Oratoire.